Loin de représenter un échec de l'évolution,
comme il était écrit
dans les anciens manuels de sciences naturelles,
le monde des dinosaures constitue
une étape étonnante de la vie sur terre.
Si leur disparition demeure encore un mystère
– volcanisme destructeur, explosion de *supernovae*,
fantastique régression marine
à la fin du Crétacé ? –, on rejette désormais
le mythe du dinosaure stupide,
incapable de s'adapter. Au-delà des clichés,
il faut apprendre à mieux connaître ces animaux
dont le magnifique épanouissement
durant cent cinquante millions d'années
réserve encore bien des énigmes à résoudre
pour des générations de paléontologues.

ISBN 2070530876

9782070530878

des peintures pour revivre par l'émotion
de l'enfant ou l'étonnement de l'adulte,
et par les interrogations des paléontologues.
Au fur et à mesure des découvertes,
leur anatomie s'affirme, leur biologie
s'esquisse, mais chaque réponse
fait naître mille autres questions.
Par ce que l'on sait d'eux, pour ce
que l'on cherche encore à savoir, et malgré
ce que l'on ne saura sans doute jamais,
c'est dans un irrésistible voyage au cœur
du temps que nous entraînent
les dinosaures.